루아와 파이의 **지구 구출**

용감한 수학

한솔수북

루아와
파이의 지구 구출
용감한 수학

남호영 글
김잔디 그림

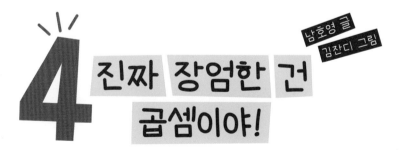

4 진짜 장엄한 건
곱셈이야!

수학이 골치 아프니?

어떻게 알았냐고? 너만 그런 건 아니니까.
나도 처음부터 수학이 재미있었던 건 아니야.
그러던 어느 날 문득 깨달았어.
아니 글쎄, 수학이 재미있지 뭐야.

어떻게 그런 일이 벌어졌냐고?
그냥 벌어진 일이라 설명하긴 어려워.
하지만 하나는 확실해.
알게 됐다는 거야.

뭘?
곱셈은 구구단이 있는데
나눗셈에는 왜 구구단이 없는지.
곱셈과 나눗셈은 동전의 양면 같은 거였어.

우리 모험에 함께 가자!
신날 거야.

이 세상 모든 것에는 패턴이 있어.
수학은 그 패턴을 뽑아내서 우리에게 알려 줘.
삼각형에 대해서 알면 사각형, 오각형은 물론
변이 아무리 많은 다각형에 대해서도 알 수 있는 거야.

우주에도 패턴이 있어.
외계의 행성도 만들어진 원리는 지구와 같으니까.
우주의 수학도 지구의 수학과 다르지 않아.
지구에 오니까 모든 게 신기하지만
수학은 같아. 아 참! 수학의 원리가 같은 거지.

수학이 재밌냐고? 같이 가면 알게 돼.
시작은 호기심, 그다음엔 용기만 있으면 돼.

수학을 잘하려면 용감해야 하냐고?
물론이지. 용기를 내서 덤벼 봐.
우선 용감한 수학부터!
그러면 수학이 쉬워질 거야.

파이는 루아를 보았어.

숨을 고르게 쉬며 깊은 잠에 빠져 있어.

어두운 하늘에 새끼손가락을 치켜들고

새끼손톱만한 어둠 너머에 그렇게나 많은 은하가,

많은 별이 흩어져 있을지

생각도 못 했다면서 놀라던 루아가

이제는 우주의 어둠에 온몸을 담근 채

잠들어 있어.

귀야도 언제 재잘거렸냐는 듯이

단잠에 빠져 있어.

날이 밝아 올 무렵 다들 일어나겠지만

그때까지는 파이 혼자야.

파이는 낯선 행성에 와서 자신과 같이 지능이 있는

생명체를 만난 일이 너무 놀라워.

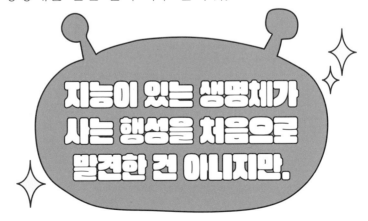

지능이 있는 생명체가 사는 행성을 처음으로 발견한 건 아니지만.

처음 발견했을 땐 파이가 어려서 혼자 착륙한다는 건
꿈도 못 꿨어.
지구인들 표현으로는 말이야.
파이는 잠을 자지 않으니까 당연히 꿈이 뭔지
모르지만, 지금은 이보다 더 딱 맞는 표현이
있을까 싶어.
파이네 행성에서는 이럴 때 뭐라고 했는지
벌써 가물가물해.
파이는 지구가 참 재밌어.
우주를 향해 그토록 열정적으로 신호를 쏘아 대는
지구인들도 신기하고,
호기심으로 가득 찬 루아라는 아이와
귀야라는 엉뚱한 까마귀와 함께하는 모험이 엄청 신나.
십 가르기를 하면서 외로움을 달래는 외뿔고래나
콧김을 내뿜어 사나워 보였지만 말 한마디에
친해지고 싶어서 그랬다는 듯이
순해지던 사향소도 신기해.

우주와 맞닿는 바다 저 멀리서부터 어느덧

노랗기도 하고 붉기도 한 색이 번져 오고 있어.

아침노을이야.

파이는 밤의 어둠도 신기하지만
아침노을은 더 신비로워.
항성이 하나인 건 정말 멋진 일이야.

그때 루아가 부스스 일어났어.

☀️ "해 떴네?"

루아의 말에 귀야도 눈을 반짝 떴어.

파이는 귀야를 손으로 안아 올리며

루아의 말을 고쳐 줬어.

"해가 뜨다니? 태양뿐만 아니라 모든 천체는

원래 떠 있잖아. 우주 공간에."

루아는 뭔 말을 이렇게 알아듣나, 한심한 생각이

들었어.

그래도 파이네 행성에서는 해가 항상 두 개

떠 있다는 말이 생각나서 꾹 참고 다시 설명해 줬어.

"아니, 아침마다 해가 떠오른다고."

파이는 여전히 고개를 갸우뚱거렸어.

"해는 계속 저 자리에 있고. 지구가 자전해서

낮이었다 밤이었다 하는 거잖아.

왜 자꾸 해가 ↑ 뜬다고 해?"

해 뜨는 시각은 각도가 중요해!

일출을 보려고 바닷가에서 기다려 본 적 있어? 해가 뜨기도 전에 어둠이 옅게 가시면서 언제랄 것도 없이 해가 떠 버리잖아. 그런데 일기 예보에서는 어떻게 해 뜨는 시각과 해 지는 시각을 정확하게 말해 주는 걸까?

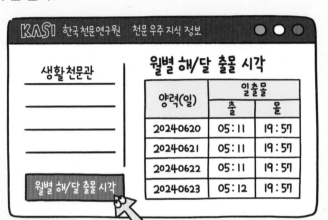

KASI 한국 천문 연구원 천문 우주 지식 정보

생활 천문관

월별 해/달 출몰 시각

양력(일)	일출몰	
	출	몰
20240620	05:11	19:57
20240621	05:11	19:57
20240622	05:11	19:57
20240623	05:12	19:57

월별 해/달 출몰 시각

해는 아주 멀리 있으니까 지구보다 작게 그리고, 햇빛은 검정 화살표로 그려 볼게. 지구에서 내가 있는 곳에는 빨간 막대를 하나 꽂았어. 지구가 돌면서 빨간 막대가 햇빛 화살표와 만나는 각도가 변해. 지구가 돌다가 드디어 직각이 되는 순간을 해가 뜨는 시각이라고 하는 거야.

밤 ➡ 해가 뜨는 순간

직각이 되기 전에 햇빛이 슬슬 넘어오면서 날이 밝아 버리는 거야.

파이는 손가락으로 모래 위에 태양을 그리고
그 주위에 크게 원을 그렸어.
그런 다음 원 위에 서서 지구처럼
자전하는 시늉을 했어.
진지한 표정으로.
루아는 기가 막혀 말이 안 나와.
귀야가 루아 눈치를 보면서 파이 품에서 빠져나와
둘 사이에서 어쩔 줄을 몰라.

파이야,
루아가 안다는데?

지구가 도는 걸
누가 몰라?

"아니, 해가 뜬다고 하니까 지구인들이
지구는 가만히 있고 지구 주위를 해가 돈다고
생각하는 줄 알고."

"맞아. 설마 지구가 진짜로 돌겠어?"

귀야가 이때다 싶었는지 끼어들었어.

"귀야, 무슨 말이야? 지구는 자전한다고 했잖아."

언젠가 루아가 귀야에게 설명해 줬어.

그런 이야기를 할 때면 어느 틈엔가 남박사가 눈을

반짝이며 귀신 같이 나타나.

그렇지만 귀야는 지구가 팽팽 돌고 있다는

느낌을 받은 적이 없어. 그래서 지구가 하루에

한 바퀴씩 돈다는 말을 들었을 때도 인간들은

그냥 그렇게 말하나 보다 했어.

지구가 도는 줄 알면서도 해가 뜬다고 말하는 것처럼

지구인들은 이상한 말을 곧잘 하니까.

지구는 얼마나 빨리 돌까?

지구가 얼마나 빨리 도는지 알아볼까? 먼저 하루에 한 번 스스로 도는 자전부터!

《용감한 수학》2권 31쪽을 봐. 지름과 원주율을 곱하면 원주야.

지구가 하루에 한 바퀴 도는 거리는 지구의 둘레와 같아. 적도의 길이라고 생각해도 돼.

원주율은 간단하게 3으로 해.

그러면 내 지름은 12,800킬로미터니까 둘레 길이는 12,800킬로미터×3 =38,400킬로미터야.

6,400 킬로미터

12,800×3

거리 38,400킬로미터를 24시간으로 나누면 한 시간에 1,600킬로미터를 가는 거야. 비행기보다 두 배는 빨라.

옛날에는 지구가 우주의 중심에 있고
그 주위를 태양, 달, 행성, 항성들이 돈다고
생각한 적도 있었어.
지구인들이 보기에는 하루에 한 바퀴씩
천체들이 지구 주위를 도는 것처럼 보였거든.
지금도 기차를 타고 가면 기차가 움직이는 게 아니라
길가의 나무들이 뒤로 가는 것처럼 느껴지고,
배를 타면 배가 앞으로 가는 게 아니라
주변 풍경이 뒤로 가는 것처럼 느껴지잖아.

흠.
해가 돈다고 생각할 만하네.
좀 있으면 해가 내 뒤쪽으로
가면서 해가 지겠어.

그러니 몇천 년 동안 지구는 가만히 있고 다른
천체들이 지구를 돈다고 생각한 건 당연한 일일 수
있어.

그래서 지금도

해가 뜬다,

달이 뜬다

같이 말하는 걸 거야.

코페르니쿠스라는 학자가
1543년에 처음으로 지구가
태양을 돈다고 쓴 책을 냈대.

천구의
회전에
관하여

지구가 돈다고?

21

천상계에서는 원 운동을 해!

고대 그리스에서는 지구가 우주의 중심에 있고 지구를 구가 겹겹이 감싸고 있다고 생각했어. 가장 가까운 구는 달이 박혀 있는 구, 그다음은 수성, 금성, 태양. 목성, 토성 그리고 마지막으로 항성들이 박혀 있는 구가 있는 거지.

하늘의 구라고 해서 천구라고 불렀어.

천구는 안 보이니까 수정처럼 투명하다고 생각했어. 그래서 수정구라고도 불렀어.

굴러가는 것은 천구야. 천구가 움직이니까 거기 박힌 달도, 태양도, 항성도 움직이는 거야. 그런데 고대 그리스인들은 왜 천체가 천구에 박혀 돈다고 생각했을까?

천상계의 운동은 시작도 끝도 없는 영원한 운동이어야 해요.

맞아요. 직선은 안 되겠어요!

시작　　　　　　　　　　끝

원은 시작도 없고 끝도 없어. 영원한 운동을 하는 천체는 원 모양의 궤도를 돌아야 하는 거야. 그래서 천체는 천구에 박혀 있고, 우주는 천구가 동심원처럼 겹겹이 쌓인 모양이라고 생각한 거야.

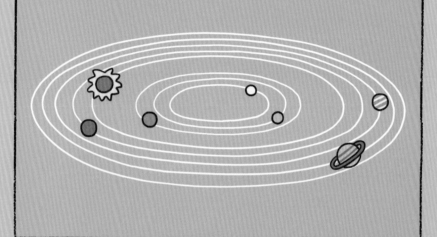

동심원이 뭐냐고? 중심이 같은 원들을 말하는 거야. 물 위에 빗방울이 떨어질 때 생기는 무늬를 본 적 있니? 중심에서부터 원이 사방으로 퍼져 나가잖아. 모두 중심이 같은 원이야.

물 위에 돌을 던져도 보여.

지구가 동심원의 중심에 있지 않다는 건 서구 사람들에게 큰 충격이었어.

23

"지구가 우주의 중심이라고 믿었던 때가 있다고?"

파이가 정말이냐는 듯이 물었어.

"그런 때가 있었다는 정도가 아니래.

몇천 년 동안이나 그렇게 믿고 살았다잖아."

귀야가 신이 나서 말했어. 8 이상의 수를 몰라서

당했던 서러움을 갚아 줄 기회가 왔다 싶은가 봐.

"어, 그게⋯⋯."

루아가 말을 더듬었어.

지구인들과 천동설 이야기를 나눌 때는 별일

아니었는데, 이게 어떻게 된 일이지? 지구인이

루아뿐인 지금은 마치 혼자 바보가 된 느낌이야.

아까는 기차를 타면 움직이는 건 기차가 아니라 주변 풍경이라고 착각할 수 있다면서?

그거야 인간들이 그렇다는 말이지.

루아는 고민에 빠졌어. 오해가 없으려면 해가 뜬다는 말을 바꿔야 할까? 뭐라고 바꾸면 좋을까?

아침에 엄마에게 '해가 떴어요.'라고 말하지 않고
대신 '이제 해가 보여요.'라고 말하면
엄마는 루아가 왜 그렇게 말하는지
금방 이해하실 거야.
그런데 친구들은?
아마도 이상한 말을 한다며 뜨악한 표정을 짓겠지.
말은 사람들 간의 약속이라 혼자 바꿀 수 있는 게
아니니까.

뭐라고 말하면
좋을까,

루아가 이런 고민에 빠져 있는데

귀야가 눈앞에서 이리 날고 저리 날고

자꾸만 왔다갔다해.

"뭐 하는 거야?"

루아의 날 선 말에 귀야가 잠깐 멈춘 채 대답했어.

"내가 날고 있는 건지 네가 왔다갔다하는 건지

착각할 수 있나 실험해 보는 거야."

"뭐라고?"

자신을 놀리고 있다는 걸 깨닫자

루아는 귀야를 잡으려고 벌떡 일어섰어.

귀야는 깍깍거리며 날아올랐어.

루아가 귀야를 뒤쫓다가 발이 갯벌에 빠져 자꾸

뒤뚱거려.

귀야는 더 신이 나서 까악 깍 소리를 지르며

루아 가까이 왔다가 날아올랐다가 난리야.

"뭐 하는 거야? 어지러워!"
귀야가 넘어지지 않으려고 발가락에 힘을 주며 외쳤어.
루아가 겨우 잡은 귀야를 작은 돌 위에 올려놓고
돌을 뱅글뱅글 돌리며 장난치고 있어.
루아는 눈매가 가늘어지면서
짓궂은 표정으로 대답했어.

"지구가 돈다는 걸 확실하게 기억하라고."

"흥!"

귀야는 뾰로통하게 부리를 내밀며 날아오르다가

뭔가를 보고 눈이 휘둥그레졌어.

귀야는 이해가 안 돼.

인간들은 해가 뜨는 게 아니란 걸 안다면서도

해가 뜬다는 말을 계속 써.

두꺼비가 살지 않는 걸 알면서도

두꺼비집이라는 말을 계속 써.

전엔 남박사가 뜨거운 물을 마시면서

아, 시원하다 그러더라고.

까마귀는 안 그래.

있는 그대로 말하지. 그대로!

"지구에는 밀물, 썰물이 있다더니 진짜네?"

루아는 밀물, 썰물을 신기해하는 파이가 더 신기해.

"너희 행성에는 밀물, 썰물이 없어?"

"없어. 심심하지?"

파이는 변화가 없는 바다가 심심해 보이냐고 묻는 게

아니라 자신이 심심했다고 말하는 것 같았어.

루아가 신발을 벗고 바지를 걷어 올리자,

파이도 따라 했어.

루아가 파이 손을 잡아끌고 갯벌을 향해 걸어갔어.

"우리가 자는 동안 썰물로 바뀌었나 봐.

이렇게 바닥도 드러나고, 두꺼비집도 쓸어 가 버리고."

파이는 감탄하면서도 발가락 사이로 올라오는

뻘 때문에 발가락을 계속 곰지락거렸어.

루아는 뻘에 푹푹 빠지지도 않고 리듬까지 타면서
걸어. 파이는 루아에게 손을 잡힌 채 겨우
따라가고 있어. 한 발 한 발 옮기는 게 힘에 겨워.
뻘이 발을 잡아당기는 것만 같아. 엉거주춤하며
힘겹게 발을 떼는 파이를 보면서 귀야가 재잘거려.
"갯벌 속에서 게가 집게발을 들고 기다릴지도 몰라."
"귀야, 그딴 말 하지 마. 파이 놀라겠다."
루아가 뒤돌아보며 귀야를 나무랐지만
파이는 무슨 말인지 알아듣지 못해.
파이는 게가 집게발로 무는 게 얼마나 아픈지 모르니까.
"갯벌 속에도 생명체가 산다는 거지?"
파이의 말에 루아가 멈췄어.
"갯벌에 사는 생명체가 꽤 많아. 찾아보자!"
루아는 뻘을 유심히 보더니 작은 구멍 앞에 웅크리고
앉았어.

루아는 손가락으로 뻘에 뚫린 작은 숨구멍을
파헤치기 시작했어.
파이의 눈이 기대에 차서 저절로 커졌어.
귀야는 덩그러니 서 있는 나뭇가지에 올라앉아 둘을
지켜봤어.
에잇, 소리가 날 때는 루아가 뭔가를 놓친 걸 거야.
그러곤 다시 옆으로 옮겨서 새로운
숨구멍을 파헤쳐.
그때마다 파이도 온몸이 빳빳해졌다 풀어졌다 해.
그때였어. 루아가 번쩍 손을 들며 외쳤어.

잡았다!

루아가 들어 올린 건 조개였어.

커다랗고 둥근 조개.

조개를 보려고 귀야가 또르르 날아서 루아 어깨에 내려앉았어.

"대합인 것 같아."

루아가 대합을 파이에게 내밀었어.

대합은 파이의 손 위에서 부드러운 속살을 내밀며 움찔움찔했어.

마치 뭐라고 말하는 것 같아.

"말을 해? 뭐라는 거야?"

루아가 놀라서 파이 어깨를 잡으며 물었어.

"어, 반갑다고. 내가 인간들과는 다른 것 같대. 인간들은 자기네를 먹을 걸로만 본대."

"와, 나도 대합이랑 말해 보고 싶어."

"놔줘야겠는데. 바다로 가고 싶대."

파이가 대합을 놔주러 바다 쪽으로 걸어갔어.

루아는 아쉬움에 가득 차서 파이를 따라갔어.

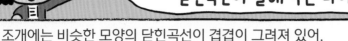

닫힌곡선이 말해 주는 나이

조개에는 비슷한 모양의 닫힌곡선이 겹겹이 그려져 있어.
마치 동심원처럼 각정에서부터 점점 멀리 뻗어 나가면서
둥글게 둥글게 퍼져 있지. 성장선이라고 해.

각정

성장선

성장선을 보면 조개가
몇 살인지 알 수 있어.

얼마 전에
북대서양에서 발견된
대합이 507살이라는
것도 닫힌곡선을
조사해서 알았어.

나무에도 닫힌곡선이 있어. 나이테라고 해. 나이테도 닫힌곡선이
겹겹이 있는 거야. 나무의 나이는 조개보다 알기 쉬워.

나는 1년에
닫힌곡선이
한 개씩 생겨.

바닷물은 그사이 꽤 멀리까지 물러나 있었어.

파이와 루아는 대합을 놔주려고 한참을 걸어나갔어.

"어제도 바닷물이 이렇게 멀리까지 빠져 있었나?"

루아는 어제 섬에 처음 왔을 때 바닷물이 어디쯤까지

밀려와 있었는지 잘 기억이 안 나.

그때도 갯벌이 드러나 있었는지 가물가물해.

"그때는 손북이와 손북이 친구한테 온 정신이 팔려

있었잖아."

파이도 같은 생각을 하고 있었는지 루아의 마음을

읽은 듯 말했어.

루아는 고개를 끄덕였어.

"맞아. 그런데 손북이 친구를 놓아줄 때는

바다가 이렇게 멀지 않았지?"

루아가 손북이 친구를 놓아줄 때를 떠올리며 말했어.

그러자 파이도 주변을 둘러보며 말했어.

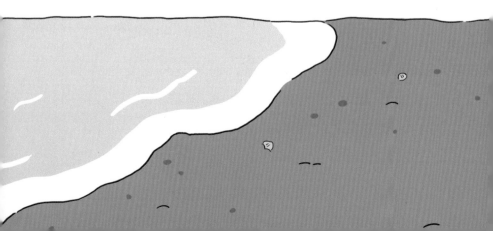

"지금보다는 바닷물이 더 가깝게 들어와 있었던 것 같아."

"지금이 밀물이야? 썰물이야?"

바닷물이 멀리 있긴 하지만 밀려 들어오는 중인지

빠져나가는 중인지는 바로 알 수 없어.

루아와 파이는 아무 말 없이 바닷물을 지켜보았어.

얼마나 지났을까? 한참을 지켜보자니 알겠어.

어느새 바닷물이 귀야가 앉아 있던 나뭇가지보다

훨씬 뒤로 물러났거든.

지금은 바닷물이 빠져나가고 있으니까 썰물이겠지만
밀물로는 언제 바뀔까?
밀물과 썰물이 반복된다는 건 알고 있지만
언제 바뀌는지 궁금해졌어.
그것이 왜 알고 싶냐고?
잘난 척하는 귀야 코를 납작하게 해 주고 싶거든.
오늘은 두꺼비집보다 더 멋있는 까마귀 집을
지을 거야. 까마귀 집에 바닷물이 덮치는 걸 보면서
귀야가 안타까워서 어쩔 줄을 몰라 하는
모습을 볼 테야.

주기적인 현상을 예측하는 수학

이 세상엔 반복되는 일이 많아. 얼마나 많은지 생각해 볼까?

밀물, 썰물이 반복되는 바다에서는 해수면의 높이가 오르락내리락해. 가장 높은 만조에서 가장 낮은 간조를 거쳐 다시 만조가 되는 시간은 12시간 30분 정도를 주기로 반복돼.

일출부터 일몰까지의 시간을 낮의 길이라고 해. 하지 때 가장 길고 동지 때 가장 짧아. 낮의 길이는 일 년을 주기로 반복돼.

반복되는 건 예측이 가능해. 만조와 간조가 반복되면 다음 만조는 언제 오는지 예측할 수 있지. 이틀 뒤 정오에는 해수면 높이가 얼마인지 예측할 수 있고. 한 달 뒤 오후 4시의 해수면 높이도 예측할 수 있어.

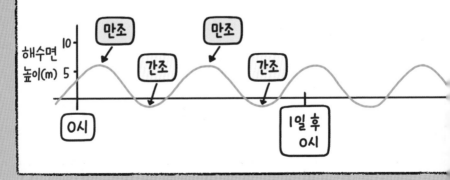

그림자의 길이도 아침에는 길었다가 점점 짧아져. 그러다가 정오가 지나면 다시 길어져. 일정한 주기가 있어.

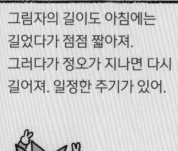

그림자놀이가 재밌어.

기온도 1년을 주기로 반복되지. 요즘은 지구온난화다, 기후위기다 해서 좀 달라졌지만.

변함 없이 그대로 반복될 때가 좋았지.

예측할 수 있다는 건 대비할 수 있다는 거고, 이용할 수 있다는 거야. 건너편 섬에 건너갔다 오든, 낚시하든, 배를 몰고 나가든 어떤 일이든. 바닷물의 움직임을 인간의 지식 안으로 들여왔다는 거지.

이틀 후 정오의 해수면 높이

3일 후 0시

예측을 할 수 있다는 건 인간의 지식이 그만큼 확장됐다는 거야.

"와, 네 덕분에 바닷물이 언제 들어오고 나갈지
알게 됐어."
루아는 신이 났어. 이대로라면 바닷물이 빠졌다가
서너 시간 후면 다시 밀려 들어올 거야.
그사이에 까마귀 집을 멋지게 짓고
귀야를 한껏 치켜세워 줘야지.
그래야 밀물이 들어오면서 까마귀 집이 잠겨 버리면
까마귀도 있는데 왜 까마귀 집을 바닷물이
쓸어 버리냐고 놀리는 맛이 더 좋겠지.

루아의 속내도 모른 채 파이는 덩달이 신이 났어.

"아주 정확하지는 않아. 시간도, 바닷물 위치도
짐작으로 표시했잖아."

파이는 해시계라도 만들어서 더 정확하게 밀물과
썰물을 예측하고 싶었지만, 루아는 이미 신이 났어.

루아는 파이의 말이 끝나기도 전에 귀야에게 말했어.

"귀야, 이번엔 네 집을 지어 줄게."

"나는 집 필요 없는데."

귀야는 시큰둥하게 말했어. 귀야는 루아와 같이 살지
않는 집은 생각할 수도 없어. 그런데 모래로 집을
지어 준다니 내킬 리가 없잖아.

"그래도 재밌잖아. 멋지게 지어 줄게."

루아가 거듭 말하자 귀야는 필요 없다면서도
루아 앞으로 쪼르르 날아왔어.

루아가 모래를 끌어모으는 걸 보면서
귀야는 '전에 어떤 집에 살았더라', 궁금해졌어.

집을 기억할 수 없다는 건 참 슬픈 일이야.

루아는 귀야 집을 어떻게 만들까 궁리하다가
예전에 엄마 책에서 본 모양을 떠올렸어.
나뭇가지를 물어다 지은 새 둥지와 비슷한
모양이었는데, 곧은 선을 규칙적으로 엮었는데도
곡선처럼 보이는 게 신기했거든.
귀야 엄마도 곧은 나뭇가지를 정성껏 물어다가
귀야네 집을 짓지 않았을까?
루아는 모래로 귀야 집을 만들었어.
잘록하게 모양을 잡고 나뭇가지 무늬가 도드라지게
모래를 파내느라 시간 가는 줄도 몰랐어.

루아는 자신이 만든 집이 마음에 들었어.

모래 무늬가 정말로 나뭇가지를 물어다 지은 듯 했거든.

그때 파이가 놀라서 소리쳤어.

"루아야, 바닷물이야!"

귀야는 루아가 갑자기 울음을 터뜨리자 바닷물이

원망스러워졌어. 모래로 지은 집은 아깝지 않지만

루아가 우는 건 난감하고 당황스러워.

귀야가 당황한 만큼이나 루아도 황당했어.

귀야를 골려 주려고 시작한 일인데,

어쩌다 이렇게 됐지?

울음이 좀 진정되면서 루아가 딸꾹질을 했어. 딸꾹 소리에 파이는
정신이 들었어. 루아가 펑펑 우는 동안 파이는 어쩔 줄을 몰라 하고
있었거든.

놀랐지?
이제 괜찮아.

딸꾹

루아야!

루아가 금세 씩 웃자 파이는 안심이 됐어. 귀야도 어찌 됐든 루아의
웃음에 마음이 놓였어. 루아는 무안한지 섬 안쪽을 바라보았어.

우리, 섬을
한 바퀴 돌아볼까?

어젯밤 잠을 잤던 나무 밑을 지나 숲으로 들어섰어.
키 큰 나무들이 줄줄이 늘어서 있어. 나뭇잎을 흔들며
루아 일행을 반기는 것 같아.
하늘은 나뭇잎으로 가득 찼고,
간혹 이파리 사이로 햇빛이 반짝여.
키 큰 나무 아래쪽에는 작은 나무와 풀이 빽빽해.
루아 일행이 걷는 길에는 나뭇잎 그림자가
동글동글해.

초록이 가득한 숲에 오니 파이를 초록 머리라고
부르던 때가 생각나.
파이의 초록 머리는 나뭇잎에 부딪힌
햇빛 색깔만큼이나 싱그러워.
"지구인이 사는 섬일까?"
파이가 혼잣말처럼 중얼거렸어.
"글쎄, 무인도가 훨씬 많다던데."

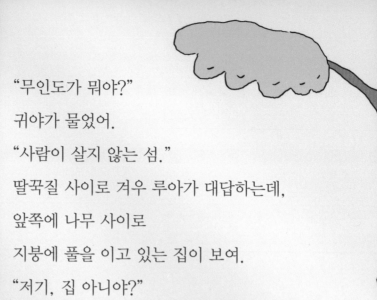

"무인도가 뭐야?"

귀야가 물었어.

"사람이 살지 않는 섬."

딸꾹질 사이로 겨우 루아가 대답하는데,

앞쪽에 나무 사이로

지붕에 풀을 이고 있는 집이 보여.

"저기, 집 아니야?"

무인도가 아니라 사람이 살고 있는 섬이었나 봐.

귀야가 잽싸게 날아가서 창문을 들여다봤어.

루아도 쫓아가서 같이 들여다봤어.

"안에 누가 있어?"

파이도 어느새 쫓아와서 물었어.

다시 보니 집은 버려진 지 오래된 것 같아.

나무 벽은 삭았고 더께가 앉았어. 여기저기

거미줄도 많아. 루아가 문을 살며시 밀었어.

귀야는 얼른 파이의 품으로 파고들었어.

삐걱~

문은 소리를 내며 열렸어.

집안은 꽤 정갈했어.

안쪽에 나무로 만든 침대 두 개가 있고

부엌과 탁자가 있어.

"여기서 좀 쉬었다 가면 좋겠다."

루아의 말에 파이도 반가워 고개를 끄덕였어.

탁자 위에 쌓인 오래된 먼지가 창문으로 들어온

햇빛에 반짝이는데, 의자에는 누군가 앉았는지

먼지 하나 없어.

다리를 길게 뻗고 쉬던 파이가 제일 먼저 일어났어.

집 안 여기저기를 둘러보는데, 사실 둘러볼 것도 없어.

빤히 다 보이니까.

"밖을 좀 둘러볼까?"

눈으로 파이만 좇고 있던 루아도 당연히 이곳이 어떤

곳인지 궁금해.

함께 집을 나와 뒤쪽으로 조금 걸었는데,

멀리서 개 짖는 소리가 들렸어.

귀야도 깜짝 놀라서 귀를 쫑긋 세웠어.

멍,

멍멍!

셋은 약속이나 한 듯 소리가 들리는 쪽으로 돌아섰어.

빽빽하게 들어찬 나무들만 가득하고,

아무것도 보이지 않아.

잘못 들었나 싶어 발길을 돌리려는데, 개 짖는 소리가

다시 들려.

누군가 다가오고 있어.

파이는 잽싸게 움푹 팬 곳을 찾아 납작 엎드렸어.

그 모습에 루아가 웃음을 터트렸어.

"네가 지구인이 아닌 줄 알까 봐?"

파이가 대답을 못 하고 고개만 끄덕였어.

"걱정 마. 꿈도 꾸지 못할 테니까."

루아의 말에 귀야가 거들었어.

"외계인 꿈을 꾸긴 힘들긴 해."

파이가 멋쩍어하며 일어나서 흙을 털었어.

그때 개 짖는 소리가 점점 가까워졌어.

루아 또래로 보이는 한 아이가 개와 함께 뛰어오고
있어.

"안녕?"

루아가 한 걸음 나서며 먼저 인사를 했어.

뛰어오던 아이가 깜짝 놀라며 멈췄어.

"……."

개는 어느새 파이에게 와서 꼬리를 흔들며 손을 마구 핥고 있어.

"루나! 이리 와."

아이가 개를 불렀지만 개는 아랑곳하지 않아.

파이가 개에게 뭐라고 속삭인 다음에야 개는 아이에게 돌아갔어.

"너, 여기 사니?"

루아가 물었지만 아이는 파이만 바라봐.

루아가 파이에게 눈짓을 하자 파이가 물었어.

"너, 여기 사니?"

"응. 저쪽."

아이가 대답하며 손을 들어 남쪽을 가리켰어.

아이가 가리키는 쪽에는 나무만 우거져 있어.

루아는 깜짝 놀랐어.

세상에 수학자를 모르는 아이도 있나?

"너 학교에 안 다녀?"

"이 섬엔 학교가 없어. 예전엔 있었대."

"왜 없어졌어?"

"사람들이 많이 떠났거든."

셀레네의 목소리가 기어들어 갔어.

셀레네가 어렸을 때만 해도 아이들이 더 있었는데

지금은 마을에 아이는 셀레네 혼자래.

"매일 여기 와서 뭐 해?"

"그냥 와."

셀레네가 말꼬리를 흐리더니 덧붙였어.

루아는 떠나 버린 친구 집에 매일 오는 셀레네의
마음이 상상도 안 돼. 얼마나 막막할지.

"이 섬에 사람이 많이 살았어?"

파이의 물음에 셀레네는 잠깐 생각하더니 대답했어.

"가장 많았을 때는 100가구에 400명 정도였고,
친구네가 떠나기 전에는 14가구에 31명이라고 들었어."

"너, 대단하다. 그걸 기억해?"

루아가 입을 딱 벌리고 감탄했어.

"심심하니까. 이제는 친구네 가족 세 명이 떠났으니까
13가구에 28명이야."

"너, 학교 안 다닌다면서 뺄셈을 잘하는구나?"

루아가 또 한 번 감탄하자, 셀레네가 겸연쩍은 듯이
말했어.

"계산한 거 아니야. 센 거지. 친구네 가족까지
31명이었는데 친구 아빠 31명, 친구 엄마 30명,
친구 29명, 거꾸로 세면 남은 사람은 28명이지."

루아는 셀레네에게 홀딱 반했어.

그렇게 원리에 충실한 방법으로 뺄셈을 하다니.

셀레네는 뺄셈을 모르는 게 아니야.

원래 뺀다는 건 31, 30, 29처럼 거꾸로 세는 거잖아.

3을 뺄 때는 세 번만 거꾸로 세면 되지만

15를 빼야 한다면 열다섯 번을 거꾸로 세야 하니

문제인 거지.

"나도 섬을 떠나 학교에 다녀야 할까?"

셀레네의 풀 죽은 목소리에 루아는 고개를 흔들며

대답했어.

"뺄셈은 내가 가르쳐 줄 수 있어."

뺄셈은 거꾸로 세는 거야!

계단 오르기 놀이를 해 봤니? 가위바위보를 해서 이긴 사람이 올라가는 거야. 바위로 이기면 한 칸, 가위로 이기면 두 칸, 보로 이기면 세 칸 올라간다고 해 봐.

4 더하기 2는 6이야.

욕심내서 보를 낼 줄 알았어.

오, 6!

이번엔 진 사람이 내려가는 게임을 해 보자.
바위는 한 칸, 가위는 두 칸, 보는 세 칸을 내려간다고 해 봐.

6 빼기 3은 3이네.

덧셈은 계속 세기, 뺄셈은 거꾸로 세기야.

5, 4, 3!

네가 보로 졌으니까 세 칸 내려와!

★ 용감한 수학 **7**

뺄셈을 빨리하려면 십 가르기를 해!

뺄셈은 거꾸로 세는 거지만 빼는 수가 클 때는 거꾸로 세기 불편해. 30에서 7을 뺀다고 해 봐. 이럴 땐 30에서 10만 떼어내서 10에서 7을 빼. 10에서 7을 거꾸로 세냐고? 아니!

$$30-7=20+(10-7)=20+3=23$$

십 가르기를 기억하지? 10은 7과 3으로 가를 수 있어.

이번에는 31에서 7을 빼 보자. 31 빼기 7은 30 빼기 6과 같아.

같아!

이제 30에서 10만 떼어내서 10에서 6을 빼.

10은 6+4로 가를 수 있어.

$$30-6=20+(10-6)$$
$$=20+4$$
$$=24$$

60

셀레네가 돌아가고 나서도 루아의 무거운 마음은
풀리질 않아.
한 가구에 세 명 또는 네 명은 되어야 엄마, 아빠와
아이들이 있다는 건데, 13가구에 28명이면 한 가구에
몇 명이라는 거지?

28 나누기
13 하면 되잖아.

몫은 2니까 한 가구에
2명씩이라는 거고,
2명 남는구나.

가구마다 부부가 산다고 하면 아이는 셀레네 혼자라고
했으니, 또 한 분은 할아버지나 할머니일 가능성이
크네. 루아는 혼자 중얼거렸어.
아이가 없으니 어른들이 돌아가시면 이 섬은 어떻게
되나? 루아는 여행을 떠나기 전에 뉴스에서 많이
들었던 지방 소멸 이야기가 기억났어. 지방이 살기
불편하니까 떠나는 사람이 많아졌다고 했어.

④
약수는
가족 같은 거야!

다음 날, 셀레네는 아침 일찍 왔어. 루나와 함께.

루나는 오늘도 파이 옆으로 재빨리 다가왔어.

파이가 루나를 데리고 밖으로 나오자,

루아와 셀레네도 밖으로 나왔어.

귀야도 포르르 날아서 나왔어.

파이가 오래된 나무둥치에 앉자

루나가 꼬리를 흔들며 둥치 아래 앉았어.

루아와 셀레네도 풀을 헤치고

긴 나무 의자에 앉았어.

친구가 없어서
심심하지 않아?

루나와 숲을
다니면서 나무도 세고
돌도 세. 그러다
심심하면 거꾸로
세기도 해.

"거꾸로 세면 수가 줄어들잖아. 그게 뺄셈이야.

너는 이미 뺄셈을 할 줄 아는 거지."

루아가 말하자 셀레네는 기뻤어.

뺄셈을 모르는 줄 알았는데, 이미 하고 있었다니!

그러자 팔랑대며 날아다니던 귀야가 끼어들었어.

"덧셈은 계속 세는 거고
뺄셈은 거꾸로 세는 거야."

"맞아. 귀야도 얼마 전에 그 이치를 깨달았지."

파이의 칭찬을 듣자 귀야는 더 파닥거리며

주위를 날아다녔어.

셀레네는 귀야가 부러웠어.

이렇게 좋은 친구들과 같이 다니다니!

셀레네를 보고 있던 루아가 셀레네 손을 잡고 말했어.

"곱셈, 나눗셈도 알려 줄게."

셀레네는 루아의 말에 가슴이 부풀었어.

우리도 학교가 있는 곳으로 떠나야 하지 않겠냐고

부모님이 이야기 나누는 걸 들은 적이 있거든.

셀레네는 학교도 다니고 싶고 친구들도 만나고
싶지만 이곳을 떠나기는 싫어.

이곳엔 셀레네만의 즐거움이 있거든.

달이 없는 날들을 견디면 어느 날 초저녁에
초승달이 가느다랗게 떠.

그러면 달에게 이야기를 건네. 그동안 잘 지냈냐고.

셀레네는 달이 자신과 이름만 같다고 생각하지 않아.

언젠가는 달과 만나는 날이 올 거라고 생각해.

달이 뜨는 동안에는 밤마다 바닷가에 나와.

어두운 밤에 보름달이 바닷가를 환하게 비춰 줄 때
가장 멀리 밀려난 갯벌까지 숨이 차도록 달려갔다
오는 건 셀레네가 가장 좋아하는 놀이야.

항상 할 수 있는 건 아니지만.

루아가 곱셈, 나눗셈을 가르쳐 준다면
부모님도 기뻐하실 거야. 셀레네만큼이나 고향을
떠나고 싶어 하지 않는 분들이니까.

"보름달이 뜰 때 바닷물이 가장 멀리까지 빠져나가?"

셀레네의 말을 듣던 파이가 물었어.

루아는 파이 말을 듣고 썰물이면 다 똑같은 썰물이

아닌가, 하는 의문이 들었어.

"그런 것 같아. 집 앞쪽에 작은 섬이 하나 있는데,

보름달이 뜰 때는 물이 많이 빠져서 그곳까지

뛰어갔다 올 수 있거든."

"다른 때는?"

루아가 얼른 물었어.

"달이 없을 때도 뛰어갔다 올 정도로 물이 빠지는

날이 있는데, 어두우니까 부모님이 못 가게 하셔.

다른 때는 물이 좀 덜 빠지고."

"그러니까 썰물도 좀 덜 빠질 때가 있고

더 많이 빠질 때가 있다는 말이지?"

"응. 썰물이 가장 많이 빠질 때를 간조라고 한대."

그런데 귀야는 셀레네하고만 이야기하는

루아와 파이가 섭섭해.

바닷물이야 늘 왔다갔다하는 거 아니야?

"그럼, 밀물과 썰물이 달 때문에 생기나 보다."
파이가 말했어. 음력으로 한 달에 두 번, 보름달일
때와 달이 안 보일 때 밀물과 썰물의 차이가 가장
크다면 바닷물을 밀고 끄는 건 달이라는 말이잖아.
"저렇게 멀리서 달이 바닷물을 끈다고?"
귀야가 발끈해서 말했어.
"귀야, 태양은 더 멀리서도 지구를 붙잡고 있잖아."
루아는 태양이 지구나 다른 행성을 잡아끌고 있는
것처럼 달도 지구의 바닷물쯤이야 당길 수 있다고
생각했어.
달에도 중력이 있을 테니까.
"내 이름이나 루나 이름이나 모두 달이라고 지은 건,
달을 무척 신성하게 여기는 풍습 때문이라고 하셨어.
뱃일하려면 물때를 잘 알아야 하는데 달과 관련이
깊거든."
셀레나의 말에 루아와 파이가 모두 고개를 끄덕였어.
루나도 멍멍 짖었어. 자기 이름이 반가웠나 봐.
귀야 혼자 뽀로통해. 왜 그러는지 아무도 몰라.

바닷길은 아무 때나 생기진 않아!

밀물, 썰물은 태양과 달의 중력 때문에 일어나. 바닷물을 당기는 거야.

태양보다 달의 영향이 더 커. 달이 엄청 작긴 하지만 지구와 훨씬 가깝기 때문이야.

내가 《프린키피아》에 밝혀 놨어요.

뉴턴

만조와 간조의 차이는 날마다 달라. 태양과 달이 일직선으로 있는 보름달일 때 만조는 높고 간조는 낮아. 그 차이가 다른 때보다 훨씬 커.

제가 앞에 있는 섬까지 바닷길이 열려 뛰어갔던 때가 보름달이 뜨는 날에 간조였던 거군요.

태양, 지구, 달, 달의 궤도 등 원을 여러 개 그리면 만조, 간조를 생각할 수 있어. 지구가 자전한다는 것도 잊지 마!

지구가 $\frac{1}{4}$ 바퀴 돌아서 6시간 정도 지남.

간조: 물이 가장 많이 빠졌을 때

만조: 물이 가장 많이 차올랐을 때

71

셀레네가 의자에서 일어섰어.

"숲에 가자. 재미있는 게 많아."

셀레네의 말에 모두 따라 일어섰어.

귀야만 빼고.

어느새 루나가 앞장섰어.

셀레네와 매일 온다더니 걷는 길이 있나 봐.

"귀야, 가자!"

평소라면 제일 먼저 날아올랐을 귀야가 꼼짝도

안 하자 루아가 귀야를 불렀어.

귀야는 사실 마음이 복잡해. 셀레네를 만나고부터는

루아에게 섭섭한 마음이 자꾸 생겨.

루아가 달래 줄 때까지는 모른 척하려고 했는데

자신을 부르는 소리에 저절로 날개가 펴지는 거야.

포르르~!

귀야가 날아오르자 파이도 뒤따라 걸었어.

마당에는 햇빛이 쨍 하고 비쳤는데

숲으로 들어서자 나뭇잎들이 해를 가려.

앞서가던 셀레네가 멈췄어.

"여기 산딸기가 있어."

셀레네가 허리를 굽히고 산딸기를 따서 입에 넣었어.

루아도 따라서 했어.

쌉싸름한 맛이 입안에 퍼졌어.

파이도 산딸기를 따기 시작했어.

한동안 산딸기를 따던 아이들이 허리를 폈어.

입가에 산딸기가 묻어 발개.

하하하!

서로 입가에 묻은 산딸기를 보며 웃었어.

아이들은 널찍한 바위 위에 둘러앉았어.

루나는 이번에도 파이 옆에 앉았고,

귀야는 루아 어깨 위에 앉았어.

아이들이 손을 펴니 산딸기가 가득 해.

"와, 많다!"

루아는 빨간 산딸기가 예뻐 보였어.

"산딸기가 몇 개지?"

파이가 말했어.

"하나, 둘, 셋, 넷 …… 열하나."

셀레네가 손에 있는 산딸기를 다 세자

루아가 이어서 셌어.

"열둘, 열셋, 열넷 …… 열일곱."

파이도 자기 손바닥을 보며 이어서 셌어.

"열여덟, 열아홉, 스물."

파이는 겨우 세 개를 갖고 왔나 봐. 파이가

겸연쩍어하는데 모두 웃음을 터뜨렸어.

"내가 따면서 너무 많이 먹었나 봐."

루아는 산딸기를 바위에 내려놓으며 말했어.

산딸기를
다 여기 놔 봐.

20개를 우리
다섯 명이 똑같이
먹으려고 해.

너는 지금
20 나누기 5를
한 거야.

20 나누기 5는
4구나!

÷가 뭐냐고?

덧셈, 뺄셈 기호는 알지? 2 더하기 3은 2+3, 4 빼기 1은 4-1과 같이 나타내. 간단하기도 하고, 누구나 알아듣는 수학 나라의 말이니까.

나눗셈을 나타내는 기호는 ÷야. 그렇지만 처음부터 나눗셈 기호로 쓰인 건 아니야. 우여곡절이 있었어. 기호도 말과 비슷해. 사람들이 널리 받아들인 것이 살아남는 거야.

내가 1659년에 《대수학》이란 책을 쓰면서 ÷를 나눗셈 기호로 썼어요.

우리는 ÷를 뺄셈 기호로 쓰고 있는데요?

기호 모양이 뺄셈보다는 나눗셈에 딱 어울리네요. 이제부터는 ÷를 나눗셈 기호로 씁시다.

 스위스 수학자 요한 란

영국 수학자 존 월리스

용감한 Quiz 2.
존 월리스가 기호 ÷를 뺄셈이 아닌 나눗셈 기호로 쓰자고 한 이유를 추측해 보세요.*

* 맨 마지막 장에서 정답을 확인해요!

나눗셈이 똑같이 나눠 갖는 거라는 걸 깨달은 셀레네는
그동안 나눗셈을 했던 여러 일들이 생각이 났어.

셀레네,
오늘 따온 오디를 옆집들도
똑같이 나눠 드려라.

셀레네,
오늘 잡아 온 물고기를
옆집들도 똑같이 나눠 드려라.

8바구니를 네 집에
나누면 2바구니!

12마리 나누기 4는
3마리!

4개 나누기 4는 1개!

32개 나누기 4는 8개!

셀레네,
오늘 만든 빵을 옆집들에
똑같이 나눠 드려라.

셀레네,
오늘 잡아 온 전복을
옆집들에 똑같이 나눠 드려라.

셀레네의 기쁨에 찬 얼굴은 드디어 귀야를 폭발하게
만들었어.

"셀레네, 산딸기를 세 명에게 똑같이 나눠 줘 봐."

"20 나누기 3을 해 보라는 거구나?"

귀야의 말을 들은 셀레네는 그쯤이야 하는 표정으로
산딸기를 세 덩어리로 만들기 시작했어.

"산딸기를 한 개 더 따올까?"

셀레네의 말에 귀야는 기가 막혔어.

나눗셈을 하라는데 문제를 바꾸겠다는 거잖아.

이걸 보고 있던 루아가 귀야의 의도를 알아차렸어.

귀야가 좀 이상하다 싶었는데,

셀레네를 질투하는 거였어.

루아는 7개씩 있던 뭉치에서 1개씩 집어서

귀야 입에 산딸기를 넣어 줬어.

"이건 너 먹어. 그러면 세 명에게 6개씩 똑같이

나눠 줄 수 있어."

"귀야에게 준 걸 나머지라고 해. 나눠떨어지지 않을

때는 나머지가 생겨."

파이의 말에 셀레네가 '아하' 했어.

"맞아. 그런 경우도 있었어. 그걸 나머지라고

하는구나."

루아는 한술 더 떴어.

"우리 귀야가 나머지가 있는 나눗셈까지 알려 주려고

했구나. 고마운걸!"

귀야는 모두 칭찬해 주자 우쭐해졌어.

루아가 준 산딸기가 새삼 달콤해.

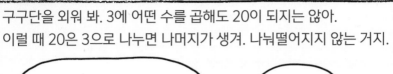

나머지가 있는 나눗셈

구구단을 외워 봐. 3에 어떤 수를 곱해도 20이 되지는 않아.
이럴 때 20은 3으로 나누면 나머지가 생겨. 나눠떨어지지 않는 거지.

나눗셈은 곱셈을 거꾸로 하는
거니까 구구단에 없는 수는
나눠떨어지지 않는구나.

삼일은 삼
삼이는
육…….

3, 6, 9, 12, ……는
3으로 나눠떨어지는 수야.
이런 수들은
3의 배수라고 해.

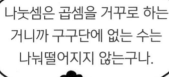

3으로 나눠
떨어지는 수

$3 \times 1 = 3$
$3 \times 2 = 6$
$3 \times 3 = 9$
$3 \times 4 = 12$
$3 \times 5 = 15$
$3 \times 6 = 18$
...

수를 3으로 나누면 세 종류로 구분할 수 있어.
나눠떨어지는 수, 나머지가 1인 수, 나머지가 2인 수.
만약 4로 나누면 네 종류로 구분되고, 5로 나누면 다섯 종류로
구분돼. 패턴이 보이지? 수학은 패턴을 찾아내길 좋아해.

1 4 7 10 13 16 19 ··· (3으로 나눴을 때)
                             나머지가 1인 수

2 5 8 11 14 17 20 ··· (3으로 나눴을 때)
                             나머지가 2인 수

3 6 9 12 15 18 21 ··· (3으로 나눠떨어지는 수)
                             3의 배수

사실 셀레네도 나누어떨어지지 않는 경우는 이미
경험했어.

엄마, 아빠와 셋이 오디를 먹을 때, 똑같이 나눌 수가
없으면 아빠가 셀레네에게 더 주시기도 했어.

그게 나머지였던 거야.

늘 나누어떨어질 수는 없는 거니까.

셀레네가 앞장서서 걷기 시작했어.

루아가 그 뒤를 따르고 귀야는 루아 어깨 위에
앉아 있어.

파이와 루나가 나란히 뒤따라가고 있어.

갑자기 셀레네가 멈추더니 뒤돌아서 말했어.

"그런데

곱셈은
뭐야?"

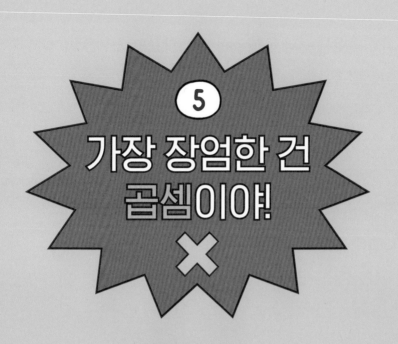

5

가장 장엄한 건
곱셈이야!

세 아이는 셀레네의 집을 내려다보고 있어.
숲 남쪽을 지나다가 셀레네가 조금만 바닷가 쪽으로
나가면 마을이 보인다고 해서 숲 가장자리로
나온 참이거든.
셀레네의 집은 파란 지붕이야.
그 옆에 세 집이 가깝게 붙어 있어.
셀레네 부모님이 심부름을 시켰던 옆집이
저 집들인가 봐.

셀레네가 나눗셈을 익혔던 옆집 말이야.

조금 떨어진 곳에도 집들이 듬성듬성 있는데

사람 손이 미친 지 오래된 게 역력했어.

"저쪽 집들은 떠난 지 오래됐어."

셀레네의 목소리가 풀이 죽었어.

"집이 곧 무너질 것 같아."

루아는 말을 마치고 아차 했어. 셀레네도 이미 느끼고

있을 텐데 굳이 말하다니.

"아까 곱셈이 뭐냐고 했지?"

루아는 얼른 화제를 바꿨어.

셀레네의 마음을 풀어 주고 싶었거든.

셀레네가 갑자기 춤을 추기 시작했어.

나눗셈만이 아니라 곱셈도 알고 있었다니 신이 나서

춤이 절로 나오나 봐.

학교에 보내지 못해서 늘 미안해하는 엄마, 아빠께

자랑할 생각을 해서 그런가?

루나도 꼬리를 흔들며

컹컹

멍멍멍

셀레네 주위를 빙빙 돌아.

귀야도 춤을 추듯 셀레네의 머리 위를 돌다가

셀레네와 부딪혀 땅에 떨어지고 말았어.

루아와 파이가 웃고 있다가 깜짝 놀랐어.

파이가 뭐라고 알아들을 수 없는 말로 소리치며

귀야에게 달려갔어.

귀야가 땅에 누운 채 배시시 웃어.

파이가 조그만 돌을 줍기 시작했어.

모두 궁금해서 파이 주위에 몰려들었어.

파이가 돌을 네 개 늘어놨어.

파이가 돌로 네 개씩 다섯 줄을 만든 후,

손을 탁탁 털며 말했어.

"곱셈은 줄 세우기라고도 할 수 있어. 이것 봐!

4 곱하기 5는 이렇게 줄을 세운 거야."

파이가 만든 네 개씩 다섯 줄이 셀레네 쪽에서 보면
다섯 개씩 네 줄이야.

어쨌든 스무 개의 돌이 사용됐어.

셀레네는 갸우뚱하더니 두 줄을 옆으로 옮겼어.

"이렇게 열 개씩 두 줄로 놓으면 10 곱하기 2가 되는
거야?"

"맞아. 10 곱하기 2도 20이야."

루아의 말에 셀레네는 돌을 늘어놓으면서 파이가 했던
말을 다시 떠올렸어. 곱셈은 줄 세우기라는 말.

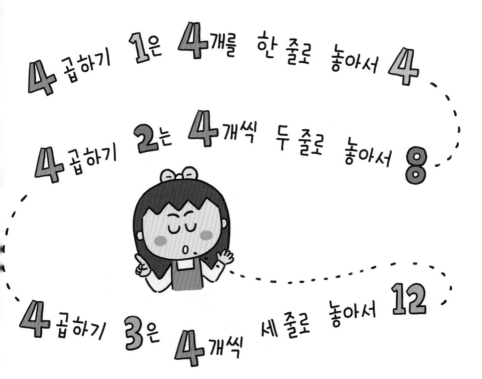

4 곱하기 1은 4개를 한 줄로 놓아서 4

4 곱하기 2는 4개씩 두 줄로 놓아서 8

4 곱하기 3은 4개씩 세 줄로 놓아서 12

"셀레네, 놀라워! 너 지금 구구단을 만들어 낸 거야."

셀레네가 중얼거리는 말을 들은 루아가 셀레네를

'탁' 치며 말했어.

"구구단이라니?"

"1 곱하기 1부터 9 곱하기 9까지의 곱셈을 적은 표야.

그걸 외우면 계산을 빨리할 수 있으니까 학교에서

외우라고 시켜."

학교 이야기를 듣자 셀레네는 떠난 친구들이 생각났어.

다들 떠나지 않았다면 학교를 같이 다니면서

'구구단을 같이 외웠겠구나!' 하는 생각이 든 거지.

"그럼 난 친구가 보고 싶을 때는 구구단을 외울래.

같이 학교에 다니는 것처럼."

셀레네의 말에 귀야가 쩍쩍거리며 구구단을 외우기

시작했어.

사일은 사, 사이는 팔,
사삼 십이…….

삼칠은 이십일, 칠삼도 이십일!

구구단을 외우기 어렵다고? 수가 커지면 그렇긴 해. 먼저 조삼모사란 말을 알고 있니? 저공이라는 사람이 자신이 기르는 원숭이들이 도토리 개수가 적다고 불평하자 주는 방법을 바꾸었대.

아침에 3개, 저녁에 4개 줄게.

그러면 아침에 4개, 저녁에 3개 줄게.

마찬가지 아니야?

구구단도 칠단, 팔단, 구단처럼 수가 커지면 외우기 어렵지. 그럴 때는 순서를 바꿔. 3 × 7이나 7 × 3이나 같잖아. 수학에서는 순서를 바꿔서 하면 편할 때가 많아. 덧셈이나 곱셈처럼.

7단

$7 × 1 = 7$
$7 × 2 = 14$
$7 × 3 = 21$
$7 × 4 = 28$
$7 × 5 = 35$
$7 × 6 = 42$
$7 × 7 = 49$
$7 × 8 = 56$
$7 × 9 = 63$

순서를 바꿔. 이미 1단, 2단……, 6단에서 외웠어.

오~ 칠삼은 삼칠과 같으니까 이십일!

단, 뺄셈이나 나눗셈은 순서를 바꾸면 안 돼!

7단에서는 이거 세 개만 외우면 돼.

나눗셈은 곱셈을 거꾸로 하는 거야!

곱셈은 괜찮은데 나눗셈은 하기 싫다고? 나눗셈은 곱셈을 거꾸로 하는 것뿐이야.

3 곱하기 4는 12라는 곱셈에서 12 나누기 3 또는 12 나누기 4를 알 수 있어.

곱셈 $3 \times 4 = 12$
→ 나눗셈 $3 = 12 \div 4$
$4 = 12 \div 3$

장난감을 해체하기는 쉬워도 거꾸로 조립하는 건 힘들지.

착륙선에서 나오는 건 쉬워도 거꾸로 다시 들어가는 건 어렵네.

다들 섬을 떠나기만 하고 거꾸로 돌아오는 사람은 없어.

나눗셈은 곱셈을 거꾸로 하는 계산이지만 다른 것에 비하면 이 '거꾸로'는 엄청 쉬운 거지.

그럼 구구단만 잘 알면 되겠네!

"아까 4 곱하기 5도 20이고, 10 곱하기 2도 20이라고
했잖아. 곱해서 20이 되는 수가 또 있을까?"
셀레네가 고개를 갸웃거리며 말했어.
"구구단을 외워 봐도 되고 20개를 줄 세우는 방법을
생각해도 되지만, 가장 좋은 건 20의 약수를
기억하는 거야."
루아의 말에 셀레네가 물었어.
"약수가 뭐야?"
"나눠떨어지게 하는 수!"
루아가 말을 하기도 전에 어디선가 귀야가
날아오더니 끼어들었어.
루아가 귀야에게 손등을 내밀었어. 귀야가 손등에
앉자 루아가 귀야를 쓰다듬었어.
"맞아. 귀야가 기억하고 있었구나."
"그러면 4도 20의 약수, 5도 20의 약수,
10도 20의 약수, 2도 20의 약수야?"

셀레네의 말에 파이가 대답했어.

"더 있어. 20개를 한 줄로 세우는 경우를 생각해 봐."

"그럼 1과 20도 20의 약수라는 말이구나. 20의
약수는 1, 2, 4, 5, 10, 20이고, 이 수들만이 곱해서
20이 될 수 있는 수라는 거구나."

"맞아. 그게 20의 약수야.
이 수들만 20을 나눠떨어지게 해."

루아는 파이가 했던 것처럼 돌을 8개 주워서
줄을 세웠어. 한 줄, 두 줄.

8의 약수는
1과 8, 2와 4야.

1과 자기
자신은 항상 약수가
되나 봐?

한 줄로
줄 세우기는
늘 가능하니까.

수마다 약수가 다르지만, 1과 자기 자신은 항상
약수가 된다는 말이 셀레네 가슴에 깊숙이 들어왔어.
약수가 가족 같다는 생각이 들었거든.
1은 엄마, 자기 자신은 아빠, 다른 약수들은 아이들.
20은 아이들이 네 명인 가족이고
8은 아이들이 두 명인 가족인 거야.

셀레네는 아이들이 많았던 집을 기억해.
20처럼 아이들이 4명이었던 가족.
그 가족이 아이들을 학교에 보내야 한다고 섬을
떠나던 날, 엄마 아빠의 얼굴에 드리워졌던 그늘을
셀레네는 기억해.

그 가족의 맏이인 이는 셀레네의 친구였어.

이는 해가 지는 풍경을 좋아했어.

셀레네와 이는 서쪽 바닷가에 가서 해지는 걸 보곤
했어.

빨갛게 물든 하늘이 바다를 적시던 어느 날,
셀레네와 이는 언젠가는 배를 타고 바다 너머
해가 지는 곳까지 가 보자고 약속했어.

이는 약속을 잊지 않고 있을까?

"여기서 조금 더 가면 해 지는 걸 볼 수 있어."

이 생각에 슬퍼진 셀레네는 해 지는 걸 보러 가자고
했어.

루아는 슬플 때는 해 지는 걸 보고 싶다던 어린 왕자가
생각났어. 지금 셀레네도 슬픈 거야.

루아는 씩씩하게 말했어.

"나는 해 지는 걸 마흔네 번이나 본 애도 알아!"

"해 지는 걸 마흔네 번을 봐?"

파이의 얼굴에 부러움이 가득 해. 해가 한 번도 지지
않는 행성에서 살다 왔으니 당연한 일이지.

수를 만드는 수가 있어!

10의 약수는 10을
나눠떨어지게 하는 수야.
1과 10, 2와 5 같은.

우린 10의 약수야.
가족 같아.

20의 약수는 20을
나눠떨어지게 하는 수야.
1과 20, 2와 10, 4와 5 같은.

우린 20의 약수야.
가족 같아.

약수가 2개 밖에 없는 수도 있어. 약수가 1과 자기 자신뿐인 거지!
소수라고 불러. 이런 수들은 한 줄로 세울 수밖에 없어.

나야 나!

두 줄, 세 줄로는
안 되는 수들이 있어.
딱 한 줄로만 설 수 있어.

우리도 소수야!

약수를 모두 소수가 될 때까지 더 쪼개어 봐. 10과 20은 똑같이 소수 2와 5를 곱해서 만들어진 수야. 18과 24도 똑같이 2와 3을 곱해서 만들어진 수야.

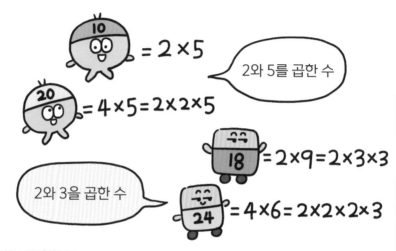

$$10 = 2 \times 5$$

2와 5를 곱한 수

$$20 = 4 \times 5 = 2 \times 2 \times 5$$

$$18 = 2 \times 9 = 2 \times 3 \times 3$$

2와 3을 곱한 수

$$24 = 4 \times 6 = 2 \times 2 \times 2 \times 3$$

모든 수는 소수만의 곱으로 나타낼 수 있어. 다시 말하면, 모든 수는 소수들을 곱해서 만들어 낼 수 있어. 소수는 수 중의 수야. 수의 알짜야.

$2 \times 2 \times 7$ $2 \times 2 \times 3 \times 3$

28 36

소수는 무한히 많아. 걱정할 것 없어.

용감한 Quiz 3.
98은 어떤 소수들을 곱해서 만들어진 수일까요?*

* 맨 마지막 장에서 정답을 확인해요!

98

"오늘 해가 지는 풍경은 아주 멋있을 것 같아.

저 구름 좀 봐."

셀레네의 말에 누가 먼저랄 것도 없이 모두

서쪽 바닷가를 향해 걷기 시작했어.

숲 가장자리를 따라 걷기 시작한 지 얼마 지나지 않아

일행은 서쪽 바닷가에 도착했어.

"노을은 왜 생겨?"

모두 모래사장에 앉자 셀레네가 물었어. 그런데

아무도 대답을 안 해. 아니, 대답을 할 수 없어.

솜사탕이 흩날리는 것 같기도 하고 양털 같기도 한

구름 아래 해가 동그랗게, 터질 것처럼 빨갛게

타오르고 있어.

하늘에 주황빛 기운이 돌기 시작했어.

해는 점점 내려앉고 하늘은 점점 붉어져.

마침내 해가 바다와 닿더니 바다 너머로 잠기기

시작했어.

"와, 장엄하다!"

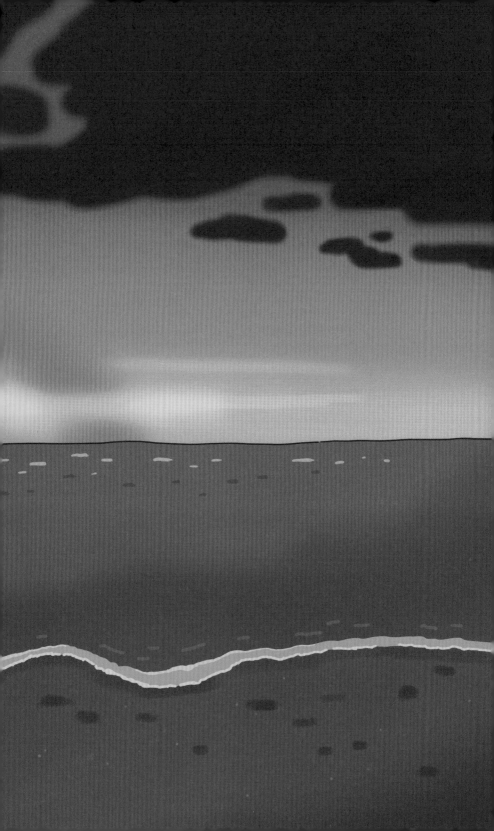

모두 루아의 말에 고개를 끄덕이는데,

파이가 낮은 목소리로 말했어.

"진짜 장엄한 건 곱셈이야."

모두 파이를 쳐다봤어.

파이는 곱셈을 처음 배웠을 때 느꼈던 그 장엄함을

잊을 수가 없어. 파이가 계속 말했어.

"모든 수는 소수를 곱해서 나타낼 수 있다고 했잖아.

어떤 소수를 곱해서 만들어진 수인지 알아내는 건

정말 장엄한 일이야."

루아·파이와 함께
용감한 퀴즈의 답을 확인해요!

1. 62쪽: 10,862명

2. 77쪽: 가운데 선 위아래의 점이 나누기를 하는 두 수를 나타내는 것처럼
보여서 나눗셈에 더 어울리는 기호라고 생각했나요? 존 윌리스가
그렇게 사용한 이유, 존 윌리스의 주장이 널리 받아들여진 이유는
명백하게 전해지지 않습니다. 여러분이 또 다른 이유를 생각했다면
존 윌리스도 그렇게 생각했을 수도 있어요.

3. 98쪽: 98=2×7×7

루아와 파이의 지구 구출 용감한 수학

4 진짜 장엄한 건 곱셈이야!

글 남호영 그림 김잔디

초판 1쇄 펴낸 날 2024년 12월 26일

기획 CASA LIBRO **편집장** 한해숙 **편집** 신경아 **디자인** SALT&PEPPER, 최성수, 이이환

마케팅 박영준, 한지훈 **홍보** 정보영 **경영지원** 김효순

펴낸이 조은희 **펴낸곳** ㈜한솔수북 **출판등록** 제2013-000276호

주소 03996 서울시 마포구 월드컵로 96 영훈빌딩 5층

전화 02-2001-5822(편집), 02-2001-5828(영업) **전송** 02-2060-0108

전자우편 isoobook@eduhansol.co.kr **블로그** blog.naver.com/hsoobook

인스타그램 soobook2 **페이스북** soobook2

ISBN 979-11-94439-04-2, 979-11-93494-87-5(세트)

어린이제품안전특별법에 의한 제품 표시
품명 도서 | 사용연령 만 7세 이상 | 제조국 대한민국 | 제조사명 (주)한솔수북 | 제조년월 2024년 12월

큐알 코드를 찍어서
독자 참여 신청을 하시면
선물을 보내 드립니다.

한솔수북의 모든 책은
아이의 눈, 엄마의 마음으로 만듭니다.

PRINTED WITH
SOY INK